AF503847

THÈQUE L. CURMER.

GNEMENT UNIVERSEL.

LEÇONS ÉLÉMENTAIRES
DE
SCIENCES NATURELLES
APPLIQUÉES
A L'HYGIÈNE,

PAR

M. EMM. LE MAOUT,

Docteur en Médecine.

Cours autorisé par M. le MINISTRE DE L'INSTRUCTION PUBLIQUE.

Adopté par l'Association pour l'Éducation populaire.

10 centimes.

PARIS.
LIBRAIRIE DE L. CURMER,
rue de Richelieu, 47, AU PREMIER.

1850

(7e Leçon.)

ASSOCIATION

POUR L'ÉDUCATION POPULAIRE.

L'Association pour l'éducation populaire a pour but de contribuer au développement de l'éducation et de l'instruction du peuple. Elle se propose, pour y arriver, d'employer les moyens suivants :

Provoquer la composition ou la traduction de traités élémentaires des sciences les plus utiles, de manuels technologiques, de récits moraux et instructifs, de traités des devoirs et des droits des citoyens ;

Appeler des dons et des souscriptions, et en employer le montant à la distribution gratuite de livres spéciaux dans les ateliers, dans les établissements agricoles, les écoles régimentaires, aux convalescents des hôpitaux civils et militaires, aux détenus, et aussi dans les écoles primaires et les ouvroirs ;

Publier des programmes d'ouvrages destinés à réaliser ses vues, et décerner des prix aux auteurs qui auront le mieux rempli les conditions de ces programmes ;

Encourager la formation de bibliothèques communales ;

Lutter contre le colportage des mauvais livres et y substituer la distribution des livres adoptés par l'Association, en donnant des primes aux colporteurs ;

Établir des correspondances avec les maires des communes, les ministres de tous les cultes, les instituteurs primaires, les associations religieuses et charitables ;

Provoquer l'établissement de comités dans les départements et la formation de sociétés de dames, qui distribueront les livres dont l'Association aura la disposition.

L'Association appelle le concours de collaborateurs dont les mille premiers recevront le titre d'*associés fondateurs*. Une cotisation mensuelle de QUATRE FRANCS sera payée par eux, et leur donnera droit à la remise gratuite de *quarante petits volumes du prix de dix centimes*, qu'ils distribueront selon leur volonté.

L'Association admet en outre tous les dons et souscriptions qui lui sont adressés, et dont l'emploi a lieu en distributions gratuites des ouvrages approuvés par elle.

Les adhésions et souscriptions doivent être envoyées *franco* à l'AGENT GÉNÉRAL DE L'ASSOCIATION, rue Richelieu, 47 (ancien 49).

Paris. - Imprimerie de RIGNOUX, rue Monsieur-le-Prince, 29 *bis*.

BIBLIOTHÈQUE L. CURMER.

ENSEIGNEMENT UNIVERSEL

LEÇONS ÉLÉMENTAIRES

DE

SCIENCES NATURELLES

APPLIQUÉES A

L'HYGIÈNE,

PAR

M. Emm. LE MAOUT,

Docteur en Médecine.

La Science est l'amie de tous.

PLATON.

SEPTIÈME ET HUITIÈME LEÇONS.

MÉTAUX TERREUX ET ALCALINO TERREUX.

(GLUCINE, MAGNÉSIE, CHAUX, STRONTIANE, BARYTE, ET LEURS COMBINAISONS.)

PARIS.

L. CURMER,

Rue de Richelieu, 47, AU PREMIER.

1850

ASSOCIATION
POUR L'ÉDUCATION POPULAIRE.

L'Association pour l'éducation populaire, sur le rapport de son comité de rédaction, approuve l'impression de l'ouvrage intitulé **Leçons Élémentaires de Sciences Naturelles** appliquées a l'**Hygiène**, par M. Emm. Le Maout. Septième et Huitième leçons : *Métaux terreux et Alcalino terreux* (*Glucine, Magnésie, Chaux, Strontiane, Baryte, et leurs combinaisons*).

Paris, le 1er Mars 1850.

Le Vice-Président,
D'ALBERT DE LUYNES.

Pour ampliation :
LOCK,
Secrétaire général.

La **Bibliothèque L. Curmer** est destinée à enserrer dans un vaste réseau de publications *tout* ce qui touche à l'**Enseignement universel**, à l'**Enseignement moral** et à l'**Enseignement élémentaire**. Sous le premier titre, elle abordera toutes les questions qui dérivent de la Constitution ; sous le deuxième, elle comprendra une série d'histoires et de récits instructifs et amusants ; sous le troisième, elle donnera des notions de toutes les sciences.

Elle fait un appel à l'*intelligence*, en la conviant à répandre ses bienfaits sur tous ceux qui ont besoin d'apprendre; à la *richesse*, en l'engageant à populariser ces petits écrits et à les distribuer avec la profusion qu'ils méritent par leur but et leur importance; aux *travailleurs*, en leur offrant un moyen sûr et peu dispendieux d'acquérir sans peine toutes les connaissances qui forment l'homme et le citoyen.

Ces petites publications coûteront 10, 20, 30, 40 et 50 centimes, selon le nombre de feuilles de 32 pages, et celui des gravures qui serviront à l'explication du texte.

MÉTAUX TERREUX
ET ALCALINO-TERREUX.

(GLUCINE, MAGNÉSIE, CHAUX, STRONTIANE, BARYTE ET LEURS COMBINAISONS.)

Nous avons terminé l'histoire des corps simples non métalliques, histoire succincte, et adaptée au programme dont j'ai énoncé les conditions en commençant ces Leçons élémentaires : nous allons maintenant commencer l'étude des corps simples *métalliques*, ou *métaux*.

Jetons d'abord un coup d'œil rapide sur leurs propriétés générales.

Tous sont solides à la température ordinaire, à l'exception du Mercure, qui est liquide, et qui ne se solidifie qu'entre 39 et 40 degrés au dessous de zéro.

Tous les métaux ont la propriété de réfléchir en grande quantité la lumière qui est venue frapper leur surface ; cette lumière, renvoyée dans une même direction, brille aux yeux avec intensité, et produit ce qu'on a nommé *éclat métallique*. Cet éclat dépend de l'homogénéité de leur structure et du resserrement de leurs molécules, c'est-à-dire de leur densité; mais tous ne sont pas également éclatants; les métaux les plus *réfléchissants* sont le Platine, l'Argent, le Mercure, l'Or, le Cuivre, l'Antimoine, le Bismuth, l'Etain et le Plomb.

Les métaux sont, de tous les corps, les plus *opaques*, c'est-à-dire qu'ils ne transmettent pas de lumière au travers de leur masse; mais, réduits en lames minces, ils laissent passer une portion de la lumière qu'ils ont reçue; ainsi, une feuille d'or battu, réduite à l'épaisseur d'un millième de millimètre, et collée sur une lame de verre, laisse apercevoir une lueur verdâtre, quand on la place entre l'œil et le soleil ou une bougie.

La *densité* des métaux est supérieure à celle des autres corps solides, c'est-à-dire que, sous un volume égal, ils possèdent un poids bien plus considérable. Tous, excepté le *Potassium* et le *Sodium*, sont plus denses que l'Eau. Au reste, cette densité varie pour chacun d'eux, et nous l'indiquerons à mesure que nous ferons leur histoire; en outre, elle peut être augmentée par la compression, moyen mécanique, qui rapproche d'une manière permanente les molécules du métal.

Les métaux n'ont pas tous la même dureté, mais cette dureté peut être modifiée par divers procédés. C'est ainsi que le Fer, combiné avec une petite quantité de Carbone, devient *Acier* ; que le Cuivre, allié à l'Etain, devient *Bronze*, etc. On a remarqué que les métaux, en devenant plus durs, deviennent aussi plus élastiques et plus sonores.

Des nombreuses propriétés qui caractérisent les métaux, les deux plus remarquables sont celles qui les rendent susceptibles d'être tirés, pressés, étendus en tous sens, sans se rompre ; en un mot, ils sont *ductiles*, c'est-à-dire allongeables en fil, et *malléables*, c'est-à-dire extensibles en lames, sous le marteau, ou entre les cylindres d'un laminoir. Tous les métaux pourtant ne sont pas ductiles et malléables : il en est quelques-uns, tels que l'*Arsenic*, l'*Antimoine*, le *Bismuth*, qui se brisent et se réduisent en poudre sous le marteau ; on les nomme *métaux fragiles*, *métaux cassants*, *métaux aigres*.

La *ductilité* et la *malléabilité* des métaux offrent à l'industrie de l'homme d'innombrables applications, dont il est facile d'apprécier l'importance. Mais ces deuxpropriétés, outre qu'elles manquent dans certains métaux, se montrent en proportion inégale chez ceux qui les possèdent. Ainsi, tel métal passe très bien à la filière, qui passe beaucoup moins bien au laminoir, ou se travaille plus difficilement au marteau. Nous citerons pour exemples le Fer, qu'on ne peut aplatir en lames très minces, et qui se laisse tirer en fils d'une extrême finesse; l'Etain, qui est très malléable et peu ductile; l'Argent est le seul qui soit également malléable et ductile. Voici l'ordre dans lequel les métaux subissent l'action de la filière, ou du laminoir, ou du marteau.

Filière : Or, Argent, Platine, Fer, Cuivre, Zinc, Etain, Plomb.

Laminoir : Or, Argent, Cuivre, Etain, Platine, Zinc, Plomb, Fer.

Marteau : Plomb, Etain, Or, Zinc, Argent, Cuivre, Platine, Fer.

Le *laminoir* se compose de deux cylindres d'Acier, à surface très polie et très dure, placés horizontalement à une distance fixe l'un de l'autre, et marchant en sens opposé. Le métal qu'il s'agit de laminer, d'abord coulé en plaque, est aminci à l'une de ses extrémités· puis engagé entre les deux cylindres qui l'entraînent dans leur marche; en diminuant à chaque passage la distance qui sépare les cylindres, on diminue successivement l'épaisseur de la lame. Le laminoir n'est connu en France que depuis deux siècles, et nous est venu d'Allemagne, où on l'employait depuis longtemps.

La *filière* est une plaque d'acier fondu, percée de trous, et disposée verticalement. Les lingots, amincis à l'une de leurs extrémités, sont engagés dans les trous de la plaque ; une pince, fortement serrée et tirée à l'aide d'une force mécanique, étire chaque lingot. La filière offrant encore plus de résistance que le corps métallique, c'est lui qui s'étend dans le sens de sa longueur, s'amincit et se réduit en fils, d'autant plus ténus que le trou de la filière est plus petit.

C'est au commencement du XVe siècle que l'art de faire des fils d'Or, d'Argent, de Fer a été inventé, à Nuremberg, par un nommé Rudolph ; d'autres disent que c'est Richard Archal qui le premier tira le fil de Fer, d'où est venu le nom de fil d'archal.

La *ténacité* des métaux, c'est-à-dire la résistance que leurs molécules opposent à la rupture ou à l'écartement, est en rapport avec leur ductilité. On la mesure au moyen d'un poids suspendu à l'un des bouts du fil métallique, dont le diamètre est déterminé, poids que l'on augmente jusqu'à ce que le fil casse. Les métaux sont donc très inégalement ténaces ; à leur tête est le Fer ; le Plomb ferme la série. Un fil de Fer d'une ligne de diamètre porte **250** kilogrammes et demi ; un fil de cuivre, 137 kilogrammes, un fil de Platine, 125 ; un fil d'Argent, 85 ; un fil d'Or, 68 ; un fil de Zinc, 50 ; un fil d'Etain, 16 ; un fil de Plomb, 12.

On a expérimenté que le fil de Fer, passé à la filière et légèrement recuit, supporte un poids plus considérable que le Fer en barres, à égalité de diamètre : une corde, formée de 30 fils de fer parallèles, ayant chacun une ligne et demie de diamètre, peut supporter plus de 15,000 kilogrammes ; de là, l'emploi des faisceaux de fil de Fer dans les ponts suspendus.

La chaleur, appliquée aux métaux, élève rapidement leur température, les dilate, les fond et peut même les volatiliser. Cette faculté de laisser pénétrer la chaleur, de la conduire à travers leur substance, a fait dire des métaux qu'ils sont *bons conducteurs du calorique*. Les métaux ne sont pas également bons conducteurs ; l'étude de cette propriété est importante pour certaines applications des métaux ; par exemple, lorsqu'on s'en sert pour confectionner des chaudières destinées à évaporer les liquides. Vous concevez que l'évaporation doit marcher en raison du pouvoir conducteur du métal. L'Or, l'Argent, le Cuivre, sont les meilleurs conducteurs; le Fer, le Zinc, l'Etain, le Plomb, sont de beaucoup inféférieurs aux précédents.

Nous verrons bientôt que les métaux sont bons conducteurs de l'électricité, comme de la chaleur.

Les métaux peuvent se combiner entre eux, et donner naissance à des composés, qu'on nomme *alliages*, et dont les propriétés métalliques participent à la fois de celles des métaux combinés; mais les combinaisons les plus nombreuses sont celles qui s'opèrent entre les métaux et les corps simples non métalliques; ainsi, l'Oxygène, le Chlore, le Soufre, le Phosphore, le Carbone, etc., forment avec les métaux des Oxydes, des Chlorures, des Sulfures, des Phosphures, des Carbures métalliques; les Acides sulfurique, azotique, phosphorique, carbonique, chlorhydrique, sulfhydrique, etc., peuvent se combiner avec des Oxydes métalliques, et former des Sulfates, Azotates, Phosphates, Carbonates, Chlorhydrates, Sulfhydrates. Enfin quelques métaux peuvent constituer avec l'Oxygène de véritables Acides, lesquels peuvent, avec les bases, donner naissance à des Sels.

Les métaux connus des anciens étaient en petit nombre; ces métaux furent désignés pendant bien longtemps par les noms des planètes, avec lesquelles on leur supposait quelque rapport mystérieux, fondé principalement sur la couleur : ainsi l'Or était le Soleil, ou *Apollon*; l'Argent se nommait *Diane* ou la *Lune*; le Vif-Argent, *Mercure*; le Cuivre, *Vénus*; le Fer, *Mars*; l'Etain, *Jupiter*; le Plomb, *Saturne*. Aujourd'hui, les progrès de la métallurgie ont considérablement augmenté le nombre des métaux; on en connaît quarante-neuf, en y comprenant l'*Arsenic* et le *Tellure*, qui sont regardés par quelques chimistes, comme des corps non métalliques.

Les métaux ont été rangés en six classes, d'après leur affinité pour l'Oxygène. Cette classification très philosophique simplifie et abrége l'étude, en ce qu'elle réunit dans une même section des métaux qui se comportent de la même manière avec les divers agents que l'on peut mettre en contact avec eux : or, ces métaux ayant à peu près les mêmes propriétés, l'histoire de l'un facilite l'étude de ceux qui le suivent ou le précèdent dans la même section. Toutefois, comme il s'agit dans ces Leçons élémentaires, non pas d'un traité spécial de chimie, mais de notions comprenant dans les trois Règnes de la nature, les substances utiles ou nuisibles à l'homme, nous n'étudierons les métaux que sous le rapport de leur application, et nous les diviserons en deux grandes classes.

La première renfermera les métaux dont l'affinité pour l'Oxygène est assez faible pour qu'ils soient peu altérables dans notre atmosphère à la température ordinaire. Dans cette classe nous mentionnerons seulement ceux qu'il vous importe de connaître. Ce sont : le *Manganèse*, le *Fer*, le *Cobalt*, le *Nickel*, le *Chrôme*, le *Zinc*, le *Cuivre*, le *Plomb*, le *Bismuth*, le *Mercure*, l'*Etain*, l'*Antimoine*, l'*Arsenic*, l'*Argent*, l'*Or*, le *Platine*.

Ces métaux, quoique peu oxydables à l'Air, ne peuvent pas tous être employés à l'état métallique : les conditions essentielles, pour qu'ils soient appliqués aux arts sont la malléabilité et la ténacité, sans lesquelles il est impossible de les travailler et de leur donner les formes convenables. L'Antimoine, le Bismuth, l'Arsenic, sont cassants; cependant les métaux cassants peuvent être alliés à des métaux malléables, et alors ils participent aux propriétés de ces derniers.

La deuxième classe comprend les métaux qui, à cause de leur grande affinité pour l'Oxygène, s'altèrent promptement à l'air, et ne peuvent pas être employés dans les arts à l'état métallique. Ce sont : le *Potassium*, le *Sodium*, le *Lithium*, le *Baryum*, le *Strontium*, le *Calcium*, le *Magnésium*, le *Glucinium*, l'*Aluminium*. Ces métaux, vu leur grande oxydabilité, n'existent jamais dans la nature, à *l'état natif*, c'est-à-dire *isolés*; ils se trouvent combinés avec les corps non métalliques, à l'état de Sels, et surtout de Sels insolubles, Silicates ou Carbonates; quelquefois, cependant, on les rencontre à l'état de Sels solubles, dissous dans les eaux de la mer ou des sources salées.

Les métaux de cette classe ont été subdivisés en trois sections : 1° *Métaux terreux*, ainsi nommés parce que leurs Oxydes portent depuis longtemps le nom de *terres* (on désignait autrefois sous ce nom des substances arides, inaltérables au feu, infusibles, insolubles dans l'Eau, et peu susceptibles de combinaison avec les Acides), tel est l'*Aluminium*, dont vous connaissez l'oxyde nommé *Alumine*, et auquel on peut joindre le *Zirconium*, qui présente l'éclat métallique; nous avons parlé de son oxyde nommé *Zircône*. Quant au *Silicium*, dont l'Oxyde est la *Silice*, il ne possède pas l'éclat métallique; mais l'analogie qui existe entre la *Silice*, l'*Alumine* et la *Zircône*, rapproche le *Silicium* du *Zirconium* et de l'*Aluminium*.

2° *Métaux alcalins*, dont les Oxydes, nommés *Alcalis*, sont très solubles dans l'Eau, doués d'une saveur caustique, verdissent les couleurs bleues végétales, et se combinent énergiquement avec les Acides : ce sont le *Potassium*, le *Sodium*, le *Lithium* ; et leurs Oxydes sont nommés *Potasse*, *Soude*, *Lithine*.

3° *Métaux alcalino-terreux*, dont les Oxydes participent des propriétés des terres et de celles des Alcalis, c'est-à-dire qu'ils sont, comme les terres, peu solubles dans l'Eau, et, comme les Alcalis, plus ou moins caustiques et avides de combinaison avec les Acides. Nous citerons le *Glucinium*, le *Magnésium*, le *Calcium*, le *Strontium*, le *Baryum*; leurs oxydes sont nommés *Glucine*, *Magnésie*, *Chaux*, *Strontiane*, *Baryte*.

ALUMINIUM.—C'est le métal qui, combiné avec l'Oxygène, forme l'*Alumine* dont je vous ai entretenus dans les leçons précédentes. Il a été isolé, pour la première fois, en 1827, sous forme d'une poudre grise, qui prend sous le brunissoir un éclat métallique. L'Aluminium, chauffé au contact de l'Air, prend feu. Il ne décompose pas l'Eau à la température ordinaire ; mais à 100 degrès, il la décompose, en s'emparant de son Oxygène ; il y a, par conséquent, dégagement d'Hydrogène. Le même phénomène a lieu quand on traite l'Aluminium, soit par des Acides étendus d'eau, soit par des Alcalis : dans les deux cas, l'Aluminium prend l'Oxygène de l'Eau ; en présence des Acides, il joue le rôle de *base*, en présence des Alcalis, il joue le rôle d'Acide.

GLUCINIUM. — Ce métal a été isolé en 1828, il forme avec l'Oxygène la *Glucine*. Cet Oxyde existe dans plusieurs minéraux, en combinaison avec la Silice ; l'*Emeraude* est le plus commun de ces minéraux.

Le Glucinium se présente sous la forme d'une poudre grise, qui prend l'éclat métallique à l'aide du brunissoir; comme l'Aluminium, il décompose l'eau bouillante, et joue avec les bases le rôle d'Acide, avec les Acides le rôle de base.

La Glucine est une poudre blanche, insoluble dans l'eau, douce au toucher, formant avec les Acides des sels d'une saveur sucrée ; c'est de cette dernière propriété qu'elle a tiré son nom.

Emeraude. — L'Emeraude est formée de silicate de Glucine et de silicate d'Alumine ; cette pierre précieuse se rencontre cristallisée en prisme régulier à six faces, elle raie difficilement le Quarz, et est rayée par la Topaze. L'Emeraude d'un vert pur est la plus estimée; quand elle est colorée par l'Oxyde de Fer, sa teinte est mélangée ; l'Emeraude vert bleuâtre est nommé *Aigue marine* ; l'Emeraude bleue porte le nom de *Béril*.

On trouve en France des Emeraudes opaques, blanches, jaunâtres, ou violacées, qui n'ont aucune valeur comme gemmes, et qui sont si abondantes, qu'on en ferre une partie de la route de Limoges à Paris.

L'Emeraude verte et diaphane, nommée vulgairement *Emeraude noble* ou *Emeraude du Pérou*, se trouve dans la juridiction de Santa Fé de Bogota, entre les montagnes de la Nouvelle-Grenade et celles qui bornent le Pérou du côté du nord. On trouve aussi l'Emeraude en Bavière, dans les environs de Saltzbourg.

Quant à l'Emeraude antique, elle s'exploitait en Egypte, mais le gisement était tombé dans l'oubli ; il a été retrouvé par le célèbre voyageur Caillaud, de Nantes, sur le mont Zabara, à sept lieues de la Mer-Rouge. Cette pierre était si rare, et si estimée des Romains, qu'il était défendu aux graveurs de la travailler ; on la réservait pour soulager la vue et délasser l'œil, en guise de lunette. Néron se servait d'une Emeraude magnifique pour jouir du spectacle des égorgements du Grand-Cirque. L'Emeraude qui appartient au pape, a deux pouces de haut sur un d'épaisseur : or, cette gemme existait à Rome avant la conquête du Pérou; elle provient donc de la Haute-Egypte; et il ne serait pas absurde de croire que l'Emeraude à travers laquelle Néron regardait couler le sang des chrétiens ait été celle qui couronne aujourd'hui la tiare du vicaire de Jésus-Christ, héritier des Césars.

L'Emeraude est encore de nos jours au premier rang des pierres précieuses; elle est moins dure et moins brillante que les Corindons et le Diamant, mais sa couleur pure et veloutée la fait rivaliser, à volume égal, avec les plus beaux saphirs, et surtout avec l'*Emeraude orientale*, ou *Corindon vert*. Quant aux Bérils et aux Aigues-Marines, leur valeur n'approche point de celle de l'Emeraude verte; mais, quand ils sont volumineux et purs, ils ont encore un grand prix; telle est l'Aigue-Marine que possède la reine d'Angleterre. Enfin la collection des pierres gravées de la Bibliothèque nationale renferme une Aigue-Marine gravée en relief, qui est également précieuse par la matière et le travail; elle représente la tête de Julia, fille de Titus.

MAGNESIUM. — Ce métal, isolé pour la première fois en 1828, est doué d'une certaine ductilité; il présente la couleur et l'éclat de l'argent et ne s'oxyde pas à l'Air sec, non plus que dans l'Eau froide; mais l'Eau à trente degrés, et surtout l'eau bouillante est décomposée par lui. Chauffé au rouge sombre dans l'Air ou le gaz Oxygène, le Magnésium prend feu. Son oxyde est la *Magnésie*, poudre blanche, insipide, inodore, infusible aux plus hautes températures de nos fourneaux : elle est très peu soluble dans l'Eau, qui n'en dissout qu'un cinq-millième. La Magnésie est une base puissante qui sature bien les Acides; elle verdit les couleurs bleues végétales. On ne la rencontre pas à l'état de pureté, elle existe toujours combinée avec un Acide et forme des Sulfates, des Silicates et surtout un Carbonate : c'est le Carbonate de Magnésie que nous avons cité dans une de nos précédentes leçons comme le meilleur contrepoison des Acides. Il se trouve dans la nature en masses compactes, et quelquefois cristallisé; mais on l'obtient pour les besoins de la médecine, en mettant en présence le Sulfate de Magnésie et le Carbonate de Soude dissous dans l'eau; il y a déplacement et échange de bases ; le Sulfate de Soude reste en dissolution, et le Carbonate de Magnésie se précipite; dans cette opération, une partie de l'Eau a joué le rôle d'Acide et s'est combinée avec une partie de la Magnésie pour former un *Hydrate;* cet hydrate s'unit au Carbonate, ce qui produit un Hydrocarbonate de Magnésie, substance blanche et très légère, qu'on peut rendre soluble dans l'Eau, en chargeant celle-ci d'Acide carbonique.

Le Sulfate de Magnésie existe dans plusieurs eaux minérales, notamment dans celles d'Epsom, en Angleterre; de Sedlitz et de Pullna, en Bohême. Ces eaux sont employées en médecine comme purgatif; elles doivent cette propriété au Sel qu'elles tiennent en dissolution : ce Sel en est retiré par évaporation et connu dans les pharmacies sous le nom de *Sel d'Epsom*, *Sel de Sedlitz.*

CALCIUM. — Le Calcium est un métal très répandu dans la nature; il existe toujours combiné avec l'Oxygène.

Le Calcium a été isolé pour la première fois en 1808; c'est un métal blanc, brillant qui ressemble à l'argent, et ne fond qu'à une haute température, il absorbe promptement l'Oxygène de l'Air et se change en Oxyde; il décompose vivement l'Eau à la température ordinaire, et se transforme en Oxyde de Calcium, ou *Chaux*.

CHAUX. — La *Chaux* est, de toutes les

substances minérales la plus utile à l'homme; ses propriétés étaient connues dès les premiers âges de la civilisation ; elle fut employée de toute antiquité à la fabrication des mastics et des ciments, ainsi qu'à la préparation des lessives caustiques.

La Chaux ne se rencontre jamais à l'état libre dans la nature; elle est toujours combinée avec les Acides carbonique, sulfurique, phosphorique, silicique, etc. On l'obtient en *calcinant* au feu le Carbonate de Chaux naturel : la chaleur suffit pour chasser l'Acide carbonique, et l'Oxyde de Calcium reste.

Les fours à Chaux sont à cuisson *continue* ou à cuisson *intermittente*. Dans ces derniers, le combustible est placé sous la pierre calcaire, qui fait voûte au-dessus de la flamme ; on chauffe graduellement, pour donner à toute la masse le temps de s'échauffer, et l'on continue jusqu'à ce que la pierre calcaire supérieure soit calcinée; on arrête alors, et l'on défourne. Dans les fours à cuisson continuė, la pierre calcaire et la houille sont chargées par couches alternatives, qui descendent successivement dans le fourneau. On défourne la Chaux, à mesure qu'elle est cuite, et l'on superpose de nouvelles charges par l'orifice supérieur.

La Chaux ainsi obtenue se nomme *Chaux vive;* c'est une matière blanche, informe, pesant presque deux fois et demie autant que l'Eau ; elle ne fond pas aux températures les plus élevées que nous puissions produire dans nos fourneaux, mais la flamme d'Oxygène et d'Hydrogène lui fait éprouver un commencement de fusion.

La Chaux a pour l'Eau une grande affinité : si l'on verse de l'Eau sur la Chaux, celle-ci l'absorbe rapidement ; il se dégage une chaleur considérable, et une portion de l'Eau s'échappe en vapeur, avec sifflement ; la chaux se fendille en craquant, et elle se sépare en débris, comme un édifice qui s'écroule ; voici ce qui se passe dans cette expérience si vulgaire : l'Eau se combine en partie avec la Chaux ; la chaleur qui résulte de cette combinaison tend à vaporiser la portion d'Eau non combinée ; cette Eau, acquérant subitement une température triple de celle de l'Eau bouillante, brise violemment tous les obstacles qui s'opposent à sa dilatation : cette dilatation est telle que, l'Eau en vapeur occupe presque deux mille fois plus d'espace qu'à l'état liquide. Vous concevez que la cohésion des particules de la Chaux ne peut résister à une telle puissance d'expansion, et que ces particules doivent être violemment écartées : on peut les comparer à un amas de chaudières à vapeur, de dimension minime, qui feraient explosion toutes ensemble.

L'élévation de température qui a lieu pendant cette combinaison est assez considérable pour déterminer l'inflammation de la poudre à canon; le maximum de chaleur a lieu quand on ajoute à la Chaux environ la moitié de son poids d'Eau. L'opération par laquelle on combine la Chaux avec l'Eau s'appelle *éteindre la Chaux;* l'Eau, en s'unissant ainsi à la Chaux, représente un Acide, et forme avec elle un *Hydrate.* On peut remarquer que la Chaux, en s'*hydratant,* augmente considérablement de volume; les maçons disent alors qu'elle *foisonne*; si l'on n'y ajoute que peu d'Eau, elle se réduit en une poudre blanche et légère, qui n'est presque plus caustique : si l'on ajoute une plus grande quantité d'Eau, on obtient une pâte laiteuse, qu'on appelle *lait de Chaux.*

L'*Eau de Chaux* est une eau qui a séjourné sur de la Chaux hydratée et en a dissous un millième de son poids; malgré cette faible dose, elle verdit les couleurs bleues végétales ; on l'emploie dans les laboratoires de Chimie, comme excellent réactif, pour déceler diverses substances, et notamment la présence de l'Acide carbonique. Il suffit de verser de l'Eau de Chaux bien limpide dans le vase contenant de l'Acide carbonique ; celui-ci se combine immédiatement avec la Chaux, et forme un Carbonate qui, étant insoluble, rend l'Eau laiteuse. On peut même ainsi rendre sensible la petite quantité d'Acide carbonique qui existe dans l'atmosphère : abandonnez un verre d'eau de Chaux à l'air, et après quelques minutes, vous verrez la surface de l'eau se couvrir d'une couche mince de cristaux de Carbonate de Chaux. Vous pourrez même composer ce Sel à vos frais, en insufflant votre haleine dans de l'Eau de Chaux, au moyen d'un tube quelconque : c'est l'expérience la plus simple et la plus concluante pour constater la présence de l'Acide carbonique dans l'air qui sort de nos poumons.

C'est avec la Chaux que l'on prépare l'*Ammoniaque*, dont je vous ai parlé dans la troisième Leçon; on fait un mélange, à parties égales, de Chlorhydrate d'Ammoniaque pulvérisé et de Chaux vive ; on l'introduit promptement dans une fiole à laquelle on adapte un tube recourbé qui conduit sous une cloche pleine de Mercure ; on chauffe légèrement, et le gaz Ammoniac, qui avait déjà commencé à se dégager à la température ordinaire, arrive sous la cloche. Si l'on veut obtenir l'Ammoniaque liquide, on fait arriver le Gaz dans de l'Eau, qui peut en dissoudre 430 fois le volume. Voici ce qui se passe dans la préparation de ce Gaz : l'Acide chlorhydrique se décompose : son Hydrogène forme de l'Eau avec l'Oxygène de la Chaux ; son Chlore forme avec le Calcium un Chlorure, et l'Ammoniaque se dégage à l'état de Gaz.

Avant de vous entretenir de l'emploi de la Chaux dans les constructions, je dois vous faire connaître les Sels que cette base forme avec les Acides ; nous commencerons par celui dont on retire la Chaux vive.

Carbonate de Chaux. — Le Carbonate de Chaux, nommé vulgairement *Calcaire*, est l'un des minéraux les plus répandus à la surface du globe ; il forme la base principale d'immenses chaînes de montagnes ; en outre, il existe dans les végétaux, et constitue presque entièrement l'enveloppe solide des œufs des Oiseaux, les coquilles des Mollusques, la base pierreuse des Polypiers et la carapace des Crustacés.

Le Carbonate de Chaux se rencontre quelquefois en cristaux isolés ; il présente alors deux formes primitives bien distinctes. La plus ordinaire est un rhomboïde; on nomme ainsi un solide à faces quadrilatères dont les côtés opposés sont égaux entre eux, sans que les angles soient droits (nous parlerons bientôt des lois intéressantes qui président à la cristallisation des minéraux) Cette espèce porte le nom de *Spath d'Islande*, on en trouve plus de 150 variétés, dont les formes, quoique très diverses, dérivent toutes d'un rhomboïde obtus.

La seconde forme est un prisme droit; l'espèce qui la présente se nomme *Arragonite*. On peut obtenir artificiellement le Carbonate de Chaux sous ces deux formes : toutes les fois que l'on ajoute un Carbonate alcalin à une dissolution de Sel de Chaux, il se précipite une multitude de petits cristaux, qu'on peut reconnaître au microscope pour de petits rhomboïdes. Si au contraire vous mêlez ensemble une dissolution bouillante d'un Sel de Chaux, et une dissolution chaude de Carbonate alcalin, il se précipitera une poudre dense, composée de petits cristaux prismatiques.

Le Carbonate de Chaux existe aussi en masses imparfaitement cristallisées dont le tissu est formé de petites lames croisées dans tous les sens; mais le plus souvent on le trouve en masses compactes, à tissu serré, sans aucun indice de cristallisation.

Parmi les variétés à cristallisation ébauchée, qui constituent les marbres *statuaires*, nous citerons le *marbre de Paros*, qui servait aux sculpteurs grecs de l'antiquité ; le *marbre de Carrare* sur la côte de Gênes, dont les lamelles sont plus fines encore que celles du précédent, et qui est préféré par les sculpteurs modernes ; les plus estimés sont blancs et translucides.

Les variétés de Calcaire non cristallisé sont innombrables ; nous mentionnerons seulement les plus usitées.

On a donné le nom de *marbre* à toute espèce de Calcaire d'un tissu homogène, très serré, susceptible de recevoir le poli, et pouvant servir à la décoration et à la construction des édifices. Les marbres communs n'offrent en général qu'une seule couleur, et s'emploient pour la construction ; les marbres de décors doivent présenter soit des couleurs vives, uniformes, soit un assortiment agréable de couleurs diverses. La France est très riche en marbres colorés, et peut rivaliser avec l'Italie, sur laquelle elle l'emporte certainement par la variété. Les Romains qui envahirent les Gaules surent y découvrir de très beaux marbres, et ils les employèrent aux monuments qu'ils élevaient dans le pays conquis; ils en transportèrent même jusqu'à Rome, d'où plusieurs nous reviennent maintenant sous le nom de *Marbres antiques*, que nous achetons fort cher, tandis que nous pourrions en extraire de semblables du sol d'où ils sont sortis et que nous foulons aux pieds.

Le nombre des variétés de marbres est si considérable, qu'il a fallu, pour les classer, établir quatre grandes divisions. La première comprend les *marbres simples*, qui ne renferment que du Carbonate de Chaux, plus ou moins sali par des matières colorantes.

Les uns sont unicolores, tels sont les marbres blancs de Paros et de Carrare, que nous avons mentionnés, et qui se distinguent de tous les autres par leur demi-cristallisation; les marbres noirs de Dinan, Namur, etc.; les marbres rouges, tels que la *griotte d'Italie*, qu'on tire de Caune près de Narbonne; les marbres jaunes, tels que le *jaune antique*, le *jaune de Sienne*, etc. — Les autres sont veinés ou rubanés de nuances variées à l'infini; le *grand antique* est noir, veiné de blanc; le *portor* est noir et marqué de grandes veines jaunes qui imitent l'or; le *Sainte-Anne* est noirâtre, veiné de blanc; le *bleu turquin*, est bleuâtre, à veines plus ou moins foncées que le fond;

le *Sicile* est rouge rubané ; le *Languedoc*, le *Sainte-Baume*, etc., sont rouges veinés.

La seconde division comprend les *marbres brèches* qui sont, les uns composés de fragments de diverses couleurs, réunis par un ciment calcaire, les autres formés par des veines qui divisent la masse en compartiments paraissant autant de fragments réunis. Les *brèches universelles* sont celles qui offrent des parties isolées, de toutes couleurs. Le *grand deuil*, le *petit deuil*, offrent des éclats blancs sur un fond noir ; la brèche d'Aix est à fragments jaunes et violets ; la *brèche antique* est à fond violet avec grands éclats blancs ; la *brocatelle d'Espagne* est à pâte lie-de-vin, avec des petits grains arrondis d'un jaune isabelle, etc.

La troisième division renferme les *marbres composés* : ce sont des roches calcaires qui renferment des substances étrangères, disposées tantôt en feuillets plus ou moins ondulés, tantôt en nids, qui souvent donnent à la masse l'apparence d'une *brèche*. Le *vert antique* est un marbre de la plus grande beauté, formé de calcaire *saccharoïde* (c'est-à-dire à lamelles très fines qui offrent l'aspect du plus beau sucre), et de *serpentine verte* (Silicate de Magnésie), l'un et l'autre en rognons anguleux ; le *cypolin* est un marbre contenant du *Mica* disséminé; le *campan* est un marbre contenant du Mica en feuillets ondulés.

La quatrième division comprend les *marbres lumachelles*, ainsi désignés parcequ'ils renferment des débris de coquilles, tantôt entassés confusément et constituant le fond du marbre ; tantôt disséminés dans une pâte plus ou moins homogène : (le nom de *lumachelle* vient du mot italien *lumacella*, limaçon). Le *drap mortuaire* est à fond noir, avec des coquilles coniques blanches ; la *lumachelle de Lucy-le-Bois* est à fond noirâtre, avec des lignes courbes qui sont des coupes de coquilles à deux valves ; la *lumachelle d'Astracan*, qui est une des plus recherchées, et qu'on ne trouve qu'en petites plaques, offre une pâte peu abondante, brune, renfermant des coquilles nombreuses d'un jaune orangé ; le *petit granit*, ou *marbre de Mons* qui couvre la plupart de nos meubles, est à fond noir avec une immense quantité d'Encrinites, coquilles appartenant à des animaux dont l'espèce n'existe plus.

Ce que l'on nomme *pierre lithographique* est une variété de Calcaire compacte, à grain très fin et uniforme, exempt de veines et de fissures, et s'imbibant d'eau jusqu'à un certain point : cette pierre a été employée, pour la première fois, il y a 50 ans, pour remplacer les planches de cuivre consacrées à la gravure ordinaire. L'art de la lithographie consiste à dessiner sur la pierre polie avec un crayon gras l'image que l'on veut reproduire; le dessin est ensuite couvert d'une encre grasse, et, à l'aide d'une pression convenable, on décharge sur le papier la plus grande partie de l'encre qui donne ainsi, d'une manière facile et expéditive, la reproduction du dessin, dont on peut tirer un grand nombre d'épreuves sans altérer la pierre. La lithographie découverte en 1796 par un chanteur bavarois, nommé Senefelder, n'a été importée en France que vers 1814: aujourd'hui, cet art a reçu de tels perfectionnements, qu'il rivalise pour la finesse et le moelleux, avec la gravure sur métaux. Les pierres lithographiques les plus estimées sont celles de Châteauroux, de Belley, de Dijon, de Périgueux, etc.

Le *Calcaire grossier*, ou *pierre à bâtir des Parisiens*, est une roche de couleur gris jaunâtre, ou blanchâtre, à texture lâche, qui se laisse facilement couper ou scier, et n'est pas susceptible de recevoir le poli. Cette pierre, d'une immense utilité, est commune en France, et surtout aux environs de la ville de Paris, qui en est bâtie; on distingue entre autres variétés, le *liais*, qui est solide, à grains fins et serrés, et le *lambourde*, qui est tendre, à grains gros et lâches. Le *Calcaire marneux*, qu'il ne faut pas confondre avec la *marne calcaire*, dont nous parlerons plus tard, est plein de petites cavités formées par le dégagement de bulles de gaz ; c'est avec cette pierre qu'on a construit l'*Arc-de-Triomphe de l'Étoile*.

Lorsque les pierres poreuses sont employées trop tôt après leur extraction, elles présentent des inconvénients graves dans les constructions : l'eau dont elles sont imprégnées, et qu'on nomme *eau de carrière*, se gèle pendant l'hiver, se dilate par la congélation, et occasionne des crevasses dans la pierre, qui quelquefois devient friable et s'exfolie : c'est ce qui explique pourquoi les maçons, en hiver, recouvrent d'un vêtement de paille les constructions récentes. Certains Calcaires peu résistants, conservent toujours cet inconvénient, et on ne doit pas les employer dans les constructions, ils sont nommés *pierre gélives*.

Il est très important, avant de commencer une bâtisse, de s'assurer si la pierre employée est *gélive* ou non ; on peut résoudre la question par une expérience très simple, on suspend un échantillon de la pierre à une ficelle, et on la maintient pendant quelques heures dans une dissolution de Sulfate de Soude à un certain état de concentration. On la retire ensuite, et on la maintient suspendue pendant plusieurs jours, audessus d'une feuille de papier : la dissolution de Sulfate de Soude, qui a plus ou moins pénétré dans les pores du Calcaire, cristallise par refroidissement, et augmente devolume, car le Sulfate de Soude cristallisé tient plus de place qu'à l'état liquide. Si la pierre est gélive, elle se démolit et il s'en détache des fragments, qui tombent sur le papier.

La *Craie*, ou calcaire terreux, est une des variétés les plus communes du Carbonate de Chaux non cristallisé ; elle constitue des contrées entières, en Pologne, en Angleterre, en Champagne, en Normandie, c'est une pierre tendre, tachant les doigts, et laissant sa trace sur les corps raboteux, tels sont la *Craie de Meudon*, qui est blanche à grains fins, et le *Tufau*, qui est gris à grains moins fins, employé pour les constructions dans le centre de la France, se laissant tailler au couteau, mais durcissant à l'air.

On nômme *Calcaire oolithe*, une variété à grains globuliformes, compactes, offrant des grosseurs très variées, depuis celle d'un grain de millet, jusqu'à celle d'un œuf, de couleur blanchâtre ou grisâtre, ou brunâtre, et formant quelquefois des bancs puissants.

Le *Calcaire bitumineux* est une variété noire, ou noirâtre, répandant par l'action du feu une fumée ou au moins une odeur bitumineuse, et devenant blanchâtre; on le trouve formant des masses, ou couches puissantes.

On désigne sous le nom de *Grès de Fontainebleau*, une curieuse variété de Calcaire, uni au Quarz, et offrant avec la cristallisation rhomboïdale du Carbonate de Chaux, l'aspect, la contexture et le toucher du Grès : il se dissout avec effervescence dans les Acides, et il y laisse pour résidu les grains du Quarz dont il est pénétré : ce mélange lui permet de rayer le verre et d'étinceler sous le choc du briquet.

Le Carbonate de Chaux est complètement insoluble dans l'Eau, et cependant les eaux d'un grand nombre de sources naturelles en contiennent une certaine quantité, dissoute à l'aide d'un excès d'Acide carbonique; ces eaux, en arrivant à l'air, abandonnent promptement l'Acide carbonique en excès, et le Carbonate de Chaux se sépare; c'est ce qui produit, dans le voisinage de ces sources, des amas de calcaires, qu'on

OUVRAGES ADOPTÉS

PAR

L'ASSOCIATION POUR L'ÉDUCATION POPULAIRE.

18. — **Histoire de Marcillot**, par M. Clément D'ELBHE. 10 c.

19. — **Philippe le Batelier**, par le même. 10

2. — **Première lettre à mon ami Jacques. — Des Riches**, par M. Maurice BLOCK. 10

20-21. — **Deuxième lettre à mon ami Jacques. — De l'Impôt**, par le même. 20

22-23. — **Troisième lettre à mon ami Jacques. — Le Budget**, par le même. 20

3-4. — **Manuel du Juré**; par M. BAROCHE, représentant du Peuple. 20

14-15. 16-17. } **Instruction civique des Français**, par M. AMYOT, avocat à la cour d'appel de Paris. 40

24-25. — **Principes de Dessin linéaire et de Géométrie pratique**; par M. JACQUE, directeur de l'école élémentaire de Châlon-sur-Saône. 20

26-27-28. — **Éléments d'histoire universelle**; par M. A. MACÉ, professeur d'histoire à la Faculté des lettres de Grenoble. 30

29-30. — **Devoir et Bonheur**; par M. RUCK, inspecteur de l'instruction primaire. 20

31-32. — **Bienfaits de l'épargne**, par Madame RUCK. 20

33-34. — **Histoire d'une rose,** écrite par elle-même; par M. Clém. D'ELBHE. 20 c.

35-36. — **Manuel des devoirs de la vie,** à l'usage de la jeunesse. 20

37-38. — **Jeanne Darc,** par M. Frédéric LOCK. 20

39-40. — **Les petits auxiliaires du cultivateur,** par M. DE FRARIÈRE. 20

100 à 110. — **Cours élémentaire d'agriculture pratique,** par M. LAUREAU, ancien maire de la ville d'Autun. 1 f. 10

Leçons de sciences naturelles appliquées à l'hygiène, par M. le docteur Emm. LE MAOUT.

50. — **Première leçon :** composition de l'air, utilité de l'air, combustion, respiration des animaux et des végétaux. 10

51. — **Deuxième leçon :** nomenclature chimique, composition de l'eau, charbon, acide carbonique. 10

52. — **Troisième leçon :** corps simples non métalliques, ammoniaque, acides sulfurique, azotique et chlorhydrique. 10

53. — **Quatrième leçon :** hydrogène carboné, éclairage au gaz. 10

www.ingramcontent.com/pod-product-compliance
Ingram Content Group UK Ltd.
Pitfield, Milton Keynes, MK11 3LW, UK
UKHW020112240726
13926UKWH00011B/455

9 782014 441413